FORSCHUNGSBERICHT DES LANDES NORDRHEIN-WESTFALEN

Nr. 2917/Fachgruppe Physik/Chemie/Biologie

Herausgegeben vom Minister für Wissenschaft und Forschung

Dr. Wolfgang Haehnel
Dr. Walter Oettmeier
Abteilung Biologie
der Ruhr-Universität Bochum

Anwendungen der Elektronen Spin Resonanz (ESR) in der Photosyntheseforschung

Westdeutscher Verlag 1980

CIP-Kurztitelaufnahme der Deutschen Bibliothek

Haehnel, Wolfgang:
Anwendungen der Elektronen Spin Resonanz (ESR)
in der Photosyntheseforschung / Wolfgang
Haehnel ; Walter Oettmeier. - Opladen : Westdeutscher Verlag, 1980.

(Forschungsberichte des Landes Nordrhein-
Westfalen ; Nr. 2917 : Fachgruppe Physik,
Chemie, Biologie)
ISBN 978-3-531-02917-7   ISBN 978-3-322-88129-8 (eBook)
DOI 10.1007/978-3-322-88129-8

NE: Oettmeier, Walter:

ISBN 978-3-531-02917-7

Inhaltsverzeichnis

1. Einleitung

Die Elektronenspinresonanz (ESR) Spektroskopie erlaubt den Nachweis ungepaarter Elektronen mit großer Empfindlichkeit. In biologischem Material treten ungepaarte Elektronen in Übergangsmetallkomplexen und bei Redoxreaktionen auf. Bei der Photosynthese wird eine Sequenz von Redoxreaktionen durch Lichtquanten angetrieben. In grünen Pflanzen induzieren zwei in Serie miteinander verbundene Lichtreaktionen je einen Elektronenübergang von einer Substanz mit einem positiveren Redoxpotential zu einem Elektronenakzeptor mit negativerem Redoxpotential. Die anschließenden Elektronentransportreaktionen führen zu einer Freisetzung von Sauerstoff aus H_2O, einer Reduktion von $NADP^+$ und indirekt zur Synthese von ATP (für eine Übersicht siehe (1)). In der Abb. 1 ist die beteiligte Elektronentransportkette schematisch dargestellt. Mehrere Komponenten zeigen ESR-Signale, über die im folgenden ein kurzer Überblick gegeben wird. Ein experimenteller Vorteil der ESR-Spektroskopie ist die geringe Energie der Quanten im Mikrowellenbereich, die im Gegensatz zu den Meßlichtquanten bei optischen Methoden das photosynthetische System nicht schon selbst anregen. Es wird außerdem nur die ESR-Absorption der Redoxkomponenten erfaßt, während die große Zahl der lichtabsorbierenden Pigmente diamagnetisch ist.

1.1. ESR-Signale endogener Verbindungen der Chloroplasten

1.1.1. "Signal I"

Beim Belichten von Algen und isolierten Chloroplasten wird das Signal I beobachtet (2). Es hat eine Linienbreite von 7,2 G, einen g-Faktor von 2,0025 und besitzt keine Feinstruktur. In zahlreichen Untersuchungen wurde nachgewiesen, daß es dem oxidierten Elektronendonator der Lichtreaktion I, $P700^+$, zuzuordnen ist (3,4). Aus ESR-Messungen konnte abgeleitet werden, daß es sich um das Kationenradikal eines Chlorophyll a - Dimeren handelt (5). Die Reduktion von $P700^+$ durch Elektronen von der Lichtreaktion II erfolgt mit einer Halbwertzeit von etwa 10 ms (siehe Zitat 6). Vorteile der Detektion des Signals I gegenüber optischen Messungen von $P700^+$ sind die Vermeidung von Störungen durch Fluoreszenzmission sowie der Anregung des Photosyntheseapparates durch das benutzte Meßlicht.

1.1.2. "Signal II"

Das Signal II hat eine Linienbreite von 19 G, einen g-Faktor von 2,0047 und 5 Hyperfeinlinien (2,4). Es gehört zu einer noch unbekannten Komponente des Photosystems II, möglicherweise zu einem Semichinonradikal (7). Die Anstiegszeit des Signals von 1 sec nach einem Blitz und die Zerfallszeit von ca. 1 h sind nicht mit Elektronentransportvorgängen korreliert. Trotzdem zeigt eine Periodizität der Amplitude bei Anregung mit Blitzen eine Kopplung an das wasserspaltende Enzymsystem (8). Ein mit einer Halbwertszeit von 700 μsec nach Blitzanregung relaxierendes Signal II_{vf} mit dem gleichen Spektrum wie Signal II wurde einem Elektronendonator D des Photosystems II zugeordnet. Das Sättigungsverhalten bei steigender Mikrowellenenergie deutet für das Signal II_{vf} auf eine stärkere Dipol-Wechselwirkung mit der Umgebung als für das Signal II (9).

1.1.3. Das wasserspaltende Enzymsystem

Das wasserspaltende Enzymsystem enthält wahrscheinlich 4 Man-
ganionen. Eine Detektion des Mn (II) (Kernspin 5/2, 5 ungepaarte Elektronen) im aktiven Komplex ist wahrscheinlich wegen der
Linienverbreiterung nicht möglich. Erst bei der Inaktivierung
des Komplexes z.B. mit 0,8 M Trispuffer (pH 8,0), wird das Mn
(II) an den charakteristischen 6 Linien des Hexaaquokomplexes
nachweisbar. Mit dieser Methode konnte gezeigt werden, daß sich
der Mn-Komplex an der Innenseite der Thylakoidmembran befindet
(10). Ein ungehinderter reversibler Einbau des Mn (II) zu einem
wieder aktiven Komplex ist auch in Gegenwart des Komplexbild-
ners EDTA möglich, was auf eine extrem niedrige Komplex-Bil-
dungskonstante $K < 10^{-14}$ M^{-1} schließen läßt. Kürzlich wurden in
intakten Chloroplasten lichtinduzierte Absorptionsänderungen
des Mn (II) gemessen, deren Zuordnung aber noch aussteht (11).

1.1.4. Der Komplex der primären Elektronenakzeptoren von Photosystem I

Erst mit der ESR-Spektroskopie gelang es, die primären Elektronenakzeptoren der Lichtreaktion I zu identifizieren. Nach Belichtung von Chloroplasten bei 6-20 K wurden zwei gebundene
ferredoxinähnliche Eisen-Schwefel-Proteine, A und B, identifi-
ziert, deren g-Werte bei 1,87, 1,95 und 2,05 (12) bzw. bei
1,89, 1,93 und 2,05 liegen (13). Es handelt sich dabei möglicherweise um zwei 4Fe-4S-Kluster eines 8Fe-8S-Proteins (14).
In Gegenwart eines starken Reduktionsmittels konnte bei Anregung der Lichtreaktion I ein weiterer Elektronenakzeptor X mit
noch negativerem Redoxpotential ($E_m = -730$ mV) reduziert werden.
Die g-Werte von 1,78, 1,88 und 2,09 (15) deuten auf ein spe-
zielles Eisen-Schwefel-Protein. Ein sehr schneller Transport
des Elektrons über diese primären Elektronenakzeptoren bis zum
Eisen-Schwefel-Protein A (P430) in 20ns verhindert wahrscheinlich die Rekombination mit $P700^+$ nach der lichtinduzierten La-
dungstrennung.

1.1.5. Elektronenüberträger zwischen den Lichtreaktionen

Plastocyanin, ein Protein mit Typ 1 Cu^{2+} hat g-Werte
für 2,048 und 2,233. Mit der ESR-Spektroskopie wurde in vivo
einwandfrei nachgewiesen, daß Plastocyanin funktionell am Elektronentransport zwischen den Lichtreaktionen bei höheren Pflanzen beteiligt ist (16,17).

Ein Eisen-Schwefel-Protein vom "Rieske"-Typ mit einem hohen
Redoxpotential von +290 mV wurde bei einem g-Wert von 1,89 gefunden. Es wird angenommen, daß es am Elektronentransport zwischen Plastochinon und Plastocyanin beteiligt ist (18).
Als Beispiel für neueste Beiträge der ESR-Spektroskopie zum
Kenntnisstand über die Struktur des Elektronentransport bei der
Photosynthese seien noch Messungen über die Orientierung der
mit den Molekülachsen korrelierten g-Tensoren vieler der oben
erwähnten Komponenten an ausgerichteten Thylakoidmembranen er-
wähnt (14).

1.2. Spin-Label zur Untersuchung der Chloroplastenmembran

Ein Spin-Label ist ein stabiles, meist organisches Radikal, das einem zu untersuchenden System zugefügt wird. Änderungen des Zustandes des Systems spiegeln sich in Änderungen des ESR-Signals des Spin-Label wieder.

Breite Anwendung als Spin-Label finden Nitroxylradikale der allgemeinen Formel:

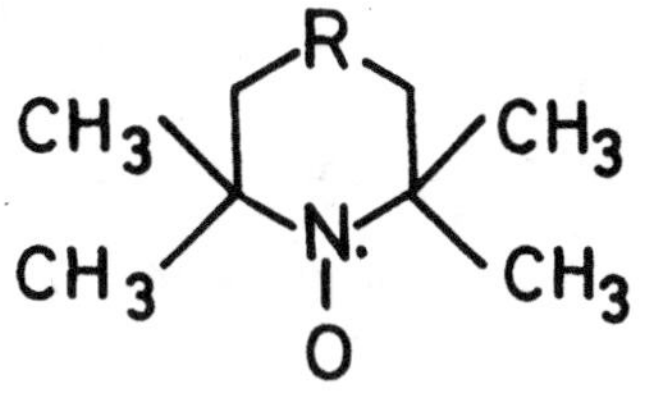

$$
\begin{array}{c}
R \\
CH_3 \diagdown \quad \diagup CH_3 \\
CH_3 \diagup \quad \underset{\underset{O}{\displaystyle |}}{N^{\cdot}} \quad \diagdown CH_3
\end{array}
$$

Solche Spin-Label sind gut geeignet, biologische Systeme zu untersuchen. Die Natur des Restes R richtet sich nach dem biologischen System. Für Untersuchungen an Membransystemen werden beispielsweise die Doxyl-Spin-Label verwendet, wobei R einen Fettsäurerest darstellt. Es sind Spin-Label synthetisiert worden, in denen der Nitroxylrest an verschiedenen Stellen der Fettsäurekette sitzt (Abb. 2). Bei Einbau in eine Membran kann somit die Umgebung des Spin-Label in der hydrophilen Region der polaren Kopfgruppen oder auch in der hydrophoben Region der Alkylketten der Fettsäuren gemessen werden (19, 20). Bedingt durch den Kernspin des Stickstoffs von 1 zeigen Spin-Label in Lösung ein Signal von 3 Linien gleicher Höhe (siehe Abb. 2). Bei Einbau in Membransysteme ändern sich die Spektren des Spin-Label beträchtlich. Aus den Änderungen der ESR-Parameter, auf die hier nicht weiter eingegangen werden soll, lassen sich Rückschlüsse auf die Eigenschaften des Membransystems, z.B. Fluidität, Anisotropie der Membran, Orientierung von eingebauten Molekülen und Phasenübergangsverhalten ziehen (20).

In photosynthetischen Systemen haben Spin-Label einen großen Nachteil. Sie werden teilweise im Dunkeln, vollständig im Licht, zu diamagnetischen Verbindungen oxidiert oder reduziert, d.h. das ESR Signal verschwindet (21-23). Diese Schwierigkeit konnte durch Verwendung eines Biradikals umgangen werden. Bei Belichtung des Biradikals mit Chloroplasten zeigen sich drastische Änderungen des ESR-Signals, woraus geschlossen wird, daß sich das Biradikal im Licht an ein oder mehrere Makromoleküle anlagert (24). Mit dem Doxyl-Spin-Label aus Abb. 2 wurde festgestellt, daß in Chloroplasten bei 18°C ein Phasenübergang stattfindet (23). Schließlich konnte mit Hilfe eines aminosubstituierten Spin-Label der lichtinduzierte pH-Gradient über die Thylakoidmembran und die Verteilung des Spin-Labels zwischen Thylakoidinnen- und -außenraum gemessen werden (25,26). Der Zusatz von Kaliumferricyanid zum Suspensionsmedium der Chloroplasten verhinderte dabei die Reduktion des Spin-Label.

2. Eigene Forschungsergebnisse

Am Lehrstuhl Biochemie der Pflanzen in Bochum durchgeführte
Forschungsarbeiten befassen sich mit folgenden Aspekten der Anwendung der ESR-Technik in der Photosynthese:

2.1. Zur Kooperation beim Elektronentransport im Bereich der
     Photosysteme I

2.2. Neue autoxidable Elektronenakzeptoren für Photosystem I
     des photosynthetischen Elektronentransports

2.3. Untersuchungen zur Gefrierschädigung der Thylakoidmembran
     mit Hilfe von Doxyl-Spin-Label

2.4. Artifizieller Elektronentransport mit farbstoffhaltigen
     Liposomen.

Über diese Forschungsarbeiten soll im folgenden detailliert
berichtet werden.

2.1. Zur Kooperation beim Elektronentransport im Bereich der
     Photosysteme I (W. Haehnel)

Der photosynthetische Elektronentransport erfolgt über eine Sequenz von Redoxstoffen vom wasserspaltenden Enzymsystem und dem
Photosystem II über Plastochinon und Plastocyanin zum $P700^+$ und
über das Photosystem I schließlich zum $NADP^+$ (vgl. Zitat 1 und
Abb. 1). Diese Elektronentransportkette wird häufig als eindi-
mensionale lineare Reaktionssequenz verstanden.In der Ebene der
Thylakoidmembran ist jedoch eine zweidimensionale, über eine im
Thylakoidinnenraum bewegliche Komponente auch eine dreidimen-
sionale Wechselwirkung zwischen den Redoxstoffen denkbar. Hinweise auf die molekulare Architektur des Elektronentransports
ergaben sich bei der Fraktionierung der Thylakoidmembran. Es
wurden drei größere Proteinkomplexe mit Komponenten des Elektronentransports isoliert (vgl. Zitat 27): ein Photosystem II-
Komplex, der Komplex des Photosystem I-Reaktionszentrums (27)
und ein zum Photosystem I gerechneter Cytochrom f/Cytochrom b_6-
Komplex (28). Der Elektronentransport läuft in den Photosystem-
II-Komplexen von der Wasserspaltung bis zu einem Elektronendonator des Plastochinons völlig unabhängig voneinander ab (29).
Für Plastochinon konnte gezeigt werden, daß es als ein großer
Pool von Molekülen die Elektronen von mindestens zehn Photosystemen II auf eine ebenso große Anzahl von Photosystemen I
verteilt (30,31). Für den Elektronentransport im Bereich der
Photosystem I-Komplexe liegen nur wenige indirekte Hinweise auf
eine Kooperation vor (32,33). Als Ziel der Untersuchungen soll-
ten mögliche Kooperationsstellen und unabhängig voneinander
reagierende Bereiche lokalisiert werden.

Wir haben dazu die lichtinduzierten Absorptionsänderungen des
Signals I (P700) bei teilweiser Hemmung des Elektronentransports
mit verschiedenen Hemmstoffen verfolgt. Abb. 3 zeigt Modelle
für die Organisation des Elektronentransports im Bereich des
Photosystems I in der oberen Reihe und die resultierenden Kinetiken von P700 darunter. Beim Einschalten des Lichts sättigender Intensität wird das reduziert vorliegende P700 vollständig
oxidiert, während sich eine größere Anzahl der vom Photosystem
II produzierten Elektronen (symbolisiert durch e^-) im Plasto-
chinonpool infolge dessen limitierender Oxidation akkumuliert.

Nach Abschalten des Lichts werden die oxidierten Elektronencarrier des Photosystems I durch diese Elektronen reduziert.
Im ungehemmten System (Abb. 3A) beträgt die Halbwertszeit $t_{1/2}$
der Reduktion von $P700^+$ etwa 5-10 ms. Als diagnostische Parameter dienten außer der Hemmstelle des Inhibitors die Amplitude
und die Halbwertszeit bei der Reduktion. Im Fall einer Kooperation hinter der Hemmstelle (Abb. 3B) sollte sich die Halbwertszeit verlängern, ohne daß sich die Menge bzw. die Amplitude
des Signals von P700 verändert. Beginnen dagegen an der Hemmstelle unabhängige Elektronentransportkomplexe, kann nur ein
Teil von P700 reduziert werden. Ist dabei vor der Hemmstelle
aber hinter der geschwindigkeitsbestimmenden Reaktion eine
schnelle Kooperation möglich (Abb. 3D), so wird eine Verkürzung
der Halbwertszeit erwartet, während diese bei völlig separaten
Komplexen konstant bleiben sollte (Abb. 3C).

Abb. 4 zeigt den Effekt von Dibromothymochinon (DBMIB) auf die
Reduktion von $P700^+$ nach Belichtung mit einem langen Blitz.
DBMIB wurde von Trebst et al. entdeckt als ein Hemmstoff, der
den Elektronentransport vom Plastochinon zu den Elektronen-
carriern des Photosystems I blockiert (24). Mit zunehmender
Konzentration von DBMIB wurde eine Zunahme der Halbwertszeit
bei konstanter Amplitude der Signale gefunden. Das Kontrollsig-
nal in Abb. 4A entspricht der Kurve in Abb. 3A. Den gleichen
Einfluß auf die Reduktionskinetik von $P700^+$ wurde in Gegenwart
steigender Konzentrationen von Bathophenanthrolin gefunden.
Bathophenanthrolin hemmt den Elektronentransport ähnlich wie
DBMIB aber möglicherweise an einer Stelle, die dem Photosystem
I etwas näher liegt (35,36). Die Ergebnisse deuten auf eine
Kooperation zwischen verschiedenen Photosystemen I hinter den
Hemmstellen der beiden Inhibitoren.

Plastocyanin ist ein Elektronencarrier, der diesen Austausch
von Elektronen vermitteln könnte, weil es nur locker an der
Innenseite der Thylakoidmembran gebunden ist (37). Wir haben
deshalb durch Inkubation der Chloroplasten mit KCN (38) Plastocyanin teilweise gehemmt. Abb. 5 zeigt die resultierenden Kinetiken des Signals I nach zunehmenden Inkubationszeiten. Der
Verlauf ist deutlich zweiphasig. Der zunehmende Anteil von
außerordentlich langsam ($t_{1/2}$ = 0,3 s) reduziertem $P700^+$ zeigt,
daß bei zunehmender Inaktivierung von Plastocyanin dieser Anteil von P700 nicht mehr mit dem linearen Elektronentransport
in Verbindung steht. Damit kann eine Kooperation zwischen P700
Reaktionszentren über eine direkte Reaktion oder über frei be-
wegliches Plastocyanin (39,40) ausgeschlossen werden. Im zwei-
ten Fall könnte bei teilweiser Hemmung das restliche Plastocyanin den Elektronentransport zu allen P700 aufrecht erhalten.
Das Ergebnis deutet auf unabhängig reagierende Proteinkomplexe
zwischen fest assoziiertem Plastocyanin und P700. Da die Halbwertszeit der schnellen Phase mit zunehmender Hemmung nicht
kürzer wird. kann die mit DBMIB gefundene Kooperation nicht
über ein Molekül zwischen Plastochinon und Plastocyanin, z.B.
Cytochrom f, erfolgen. Nach Behandlung der Chloroplasten mit
$HgCl_2$, das ebenfalls Plastocyanin inaktiviert (21), wurden sehr
ähnliche Kinetiken gefunden wie in Abb. 5.

Zusätzliche Messungen der Absorptionsänderungen von Cytochrom f
bei teilweiser Hemmung mit KCN, die hier nicht gezeigt werden,
geben einen Hinweis, daß Cytochrom f über fest gebundenes Plastocyanin oxidiert wird.

Über die Organisation der Proteinkomplexe des Elektronentransports können wir aus unseren Ergebnissen schließen, daß die Cytochrom f/Cytochrom b_6-Komplexe über fest assoziiertes Plastocyanin mit P700-Reaktionszentren in der Membran verbunden sind. Eine direkte Kooperation zwischen verschiedenen Cytochrom f und P700-Molekülen kann ausgeschlossen werden. Eine indirekte Kooperation könnte durch Plastocyanin-Moleküle ermöglicht werden, die frei beweglich oder auch an das fest assoziierte Plastocyanin gebunden sein können.

2.2. Neue autoxidable Elektronenakzeptoren für Photosystem I des photosynthetischen Elektronentransports (W. Oettmeier)

Im photosynthetischen Elektronentransport _in vivo_ wird über Ferredoxin und Ferredoxin-NADP-oxido-reductase als terminaler Elektronenakzeptor NADP (Redoxpotential $E_o' = - 320$ mV) reduziert (siehe Abb. 1). Der Primärakzeptorkomplex von Photosystem I (X-B-A in Abb. 1) hat ein Redoxpotential von -600 bis -700 mV (43). Neben NADP können deshalb eine Reihe von Verbindungen, wie Kaliumferricyanid, Chinone, Dichlorphenolindophenol und Viologenfarbstoffe reduziert werden (44). Hier sind besonders die Viologenfarbstoffe z.B. Methylviologen (Formel siehe Abb. 6) interessant, weil sie auch als Herbizide eingesetzt werden. Ihr Wirkungsmechanismus beruht darauf, daß sie die im photosynthetischen Elektronentransport produzierten Elektronen vom Primärakzeptorkomplex von Photosystem I abziehen und nicht zum NADP gelangen lassen (45). Der Mechanismus der Methylviologenreduktion ist wie folgt. Methylviologen ($E_o' = -440$ mV) wird zunächst zum Radikal reduziert. Dies reagiert mit Luftsauerstoff zum Superoxidanionradikal, das seinerseits zu Wasserstoffperoxid disproportioniert (46). Zu dieser Sauerstoffreduktion genügen also katalytische Mengen an Methylviologen. Mit isolierten Chloroplasten beobachtet man eine Sauerstoffaufnahme, da nach der Stöchiometrie das Volumen des verbrauchten Sauerstoffs doppelt so groß ist wie das des durch die photosynthetische Wasserspaltung gebildeten Sauerstoffs.

Vor kurzem sind Nitrofurane und -imidazole als "radiosensitizing agents" in die Krebstherapie eingeführt worden. Es wurde gezeigt, daß diese Verbindungen in der mitochondrialen Elektronentransportkette Reduktionsäquivalente auf Sauerstoff in einer ähnlichen Weise wie Methylviologen übertragen können (47). Es lag nahe, diese Verbindungen auf ihre Akzeptoreigenschaften im photosynthetischen Elektronentransport zu untersuchen. Neben den kommerziell erhältlichen Verbindungen Dinitrobenzonitril, Nifuroxim und Nitrofurantoin (Formeln s. Abb. 6) wurden von Dr. C. E. Smithen, Roche Products Ltd., zusätzlich 4 neu entwickelte Verbindungen zur Verfügung gestellt: Misonidazol, Desmethylmisonidazol, Benznidazol und Ornidazol (Formeln s. Abb. 6). Die Akzeptoreigenschaften dieser Verbindungen im Vergleich zu Methylviologen sind in Tabelle I festgehalten. Alle Verbindungen zeigen sowohl im gekoppelten als auch im entkoppelten Elektronentransport sehr gute Raten. Sauerstoffaufnahme findet auch in einer reinen Photosystem I Reaktion (DCMU, DAD/asc. als Donorsystem, Tabelle I) statt. Die Sauerstoffaufnahme ist von einer ATP-Bildung begleitet. Mit Ausnahme von Nifuroxim und Nitrofurantoin wird bei allen anderen Verbindungen die Sauerstoffaufnahme durch Ferredoxin stimuliert.

Das bei diesen Reaktionen entstehende Radikal des Akzeptors
kann im ESR kurzzeitig gesehen werden. Bei Benznidazol beispielsweise (Abb. 7), ist im Dunkeln kein Radikal zu sehen.
Unmittelbar nach Einschalten des Lichts tritt das typische 3-
Liniensignal eines Stickstoffradikals auf. Nach Beendigung
eines Scans (30 sec) und der erforderlichen Rücklaufzeit
($\sim$ 15 sec) ist dann nach 45 sec. schon kein Signal mehr zu
sehen (Abb. 7), weil das Radikal mit dem Sauerstoff abreagiert.
Ähnliches gilt für Ornidazol. Hier ist allerdings das Spektrum
des Radikals durch weitere Hyperfeinaufspaltung komplexer. Weitere Untersuchungen über diese Reaktionen sind im Gange.

2.3. Untersuchungen zur Gefrierschädigung der Thylakoidmembran mit Hilfe von Doxyl-Spin-Label (M.Jensen, W.Oettmeier, U.Heber)

Werden Chloroplasten in verdünnten Salzlösungen eingefroren, so
führt der Gefriervorgang zu einer Veränderung der Membraneigen-
schaften und damit zu einer Schädigung der Membran. Dabei gehen
zuerst die Phosphorylierungs- und dann die Elektronentransport-
kapazität verloren. Die Schädigung der Membran ist von einem
Freisetzen von Proteinen aus der Membran begleitet, wobei bis
zu 5 % des Gesamtproteingehalts der Membran verloren gehen
können (48). Sogenannte Cryoschutzmittel, z.B. Zucker, können
diese Inaktivierung verhindern. Hohe Salzkonzentrationen hin-
gegen können diese Schutzfunktion der Cryoschutzmittel wieder
aufheben (48).

Es war von Interesse zu untersuchen, wie sich Eigenschaften der
Membran, z.B. Fluidität und Phasenübergang vom kristallinen
oder Gelzustand in den flüssigen Zustand ändern. Dazu bieten
sich die Doxyl-Spin-Label (Abb. 2) an. Als sehr lipophile Verbindungen lassen sie sich sehr leicht durch zweiminütiges sanf-
tes Schütteln mit Chloroplasten in die Lipidphase einbauen.
Durch Einbau in das Membransystem verlieren die Doxyl-Spin-
Label an Beweglichkeit, dies macht sich in einer Veränderung
und Aufspaltung des ESR-Spektrums bemerkbar. Drei verschiedene
Spektren sind für einen isotropischen Fall, einen Übergang vom
isotropischen zum anisotropischen Fall und für den anisotropischen Fall zusammen mit den Definitionen der im folgenden ver-
wendeten ESR-Parameter in Abb. 8 angeführt. Wie nicht näher er-
läutert werden soll, sind diese Parameter ein Maß für die Beweglichkeit des Spin Label in der Membran, wobei diese Beweglichkeit den Zustand der Membran reflektiert (19, 20). Bei
einem Phasenübergang ändert sich die Beweglichkeit des Spin Label sprunghaft. Dies gibt sich in einem Sprung in einem Arrheniusplot (1/T gegen ESR-Parameter) zu erkennen. Ein solcher
Arrheniusplot für Thylakoide und Liposomen aus Thylakoidlipiden
ist in Abb. 9 gezeigt. Im Einklang mit der Literatur (23) wird
bei Thylakoiden ein Sprung bei 15-18°C und bei -10°C gefunden.
Die Sprungtemperatur bei 15-18°C ist für Thylakoide überra-
schend hoch. Sie enthalten einen sehr hohen Anteil an ungesät-
tigten Fettsäuren und dementsprechend sollte die Sprungtemperatur weit unter 0°C liegen (49). Dies bestätigt sich wenn man
Liposomen aus Thylakoidlipiden untersucht. Sie werden durch
Lipidextraktion aus Thylakoiden und anschließendes Beschallen
der Lipidsuspension in Puffer erhalten. Hier fehlen die Übergänge bei 15-18° und -10°C völlig, dagegen tritt ein Sprung bei
-36°C auf (Abb. 9). Die Übergänge bei 15-18° und -10°C haben
also offensichtlich mit einer lipidabhängigen Phasenveränderung

nichts zu tun. Bei Raumtemperatur ist zwischen gefriergeschä-
digten und gefriergeschützten Chloroplasten in den ESR-Parametern und in dem Phasenverhalten kein Unterschied festzustellen (vgl. Tabelle II).
Unterschiede werden jedoch deutlich bei Temperaturen unter $0^{o}C$,
wenn die Chloroplasten längere Zeit dieser Temperatur ausge-
setzt werden. Als Beispiel für einen biochemischen Parameter
ist in Abb. 10 das ATP/2e Verhältnis, d.h. das Verhältnis von
ATP-Bildung zu Elektronentransport, für verschiedene Einfrier-
zeiten aufgezeichnet. Es ist deutlich zu sehen, daß in gefriergeschützten Chloroplasten in 0,2 M Saccharose das ATP/2e Verhältnis nach dem Auftauen auch bei langer Einfrierdauer prak-
tisch unverändert bleibt. Dagegen sinkt es bei Gegenwart von
NaCl oder NaBr deutlich ab (Abb. 10). Dieser Unterschied ist
auch in den ESR-Parametern deutlich zu sehen (Abb. 11). Bei Gefrierschädigung sinkt die Linienbreite W_O der Mittellinie deutlich ab, dagegen nimmt das Verhältnis h_+ / h_O deutlich zu.
Diese Änderungen lassen sich dahingehend interpretieren, daß
die Membran bei Gefrierschädigung an Festigkeit verliert und
die innere apolare Phase an Beweglichkeit gewinnt. Bei hohen
Salzkonzentrationen, die eine starke Gefrierschädigung bewirken,
nimmt diese Anisotrophie der Beweglichkeit weiter zu. Dies
zeigt sich an der Form des bei höherem Feld liegenden Signals
h_1 (Abb. 12).

Es bleibt also abschließend festzustellen, daß bei Gefrierschädigung neben dem Verlust von Proteinen auch die Beweglichkeit
der Thylakoidmembran verändert wird. Diese Änderungen sind deutlich, aber nicht so schwerwiegend,um die Abnahme der Phosphory-
lierungs- und Elektronentransportrate beim Gefrieren zu er-
klären. Hier spielt die Freisetzung der Proteine eine wesent-
liche Rolle.

2.4. Artifizieller Elektronentransport mit farbstoffhaltigen Liposomen (W. Oettmeier)

Chlorophyll ist in Chloroplasten das zentrale Pigment und ver-
antwortlich für die Umwandlung der Sonnenenergie in andere Ener-
gieformen. Chlorophyll läßt sich aufgrund seines langen Phytol-
restes leicht in Liposomen einbauen. Das Verhältnis Lipid/Chlo-
rophyll kann dabei bis zu 10 betragen (50). Wir haben mit Hilfe
der Doxyl-Spin-Label (Abb. 2) gezeigt, daß sich das Chlorophyll-
molekül in der Weise in die Membran einlagert, daß der Porphy-
rinring in Höhe der polaren Region der Lipide liegt (51).
Solche Chlorophyll-Liposomen können als Modellsystem für lichtinduzierte Elektronentransportvorgänge dienen. Zum Nachweis dabei entstehender Radikale ist die ESR-Methode aufgrund ihrer
hohen Empfindlichkeit besonders gut geeignet. In Gegenwart lipo-
philer Akzeptoren kann in Chlorophyll-Liposomen im Licht das
Chlorophyll-Kationradikal mit einer Linienbreite von 9.1 G und
einem g-Wert von 2.0022 beobachtet werden (52).

Mit Chlorophyll-Liposomen läßt sich Elektronentransport vom
Donor N.N.N'.N'-Tetramethyl-p-phenylendiamin (TMPD) (Redoxpotential E_O' = + 270 mV) zum Akzeptor Ubichinon 30 (UQ-30)
(E_O' = + 100 mV) zeigen. TMPD liefert bei Oxidation ein stabiles aromatisches Kationradikal, das durch ein komplexes Viel-
linien ESR-Spektrum charakterisiert ist. Adjustiert man das

magnetische Feld auf eine der intensiven Mittellinien, kann die
Bildung und der Zerfall des TMPD-radikals in diesem System verfolgt werden (Abb. 13). Schaltet man das Licht an, so wird $TMPD^+$
gebildet. Die Konzentration von $TMPD^+$ erreicht nach etwa 2 Minuten ein Maximum. Schaltet man das Licht aus, so geht die Konzentration von $TMPD^+$ innerhalb von 10 Minuten auf die Ausgangskon-
zentration zurück. Dieser Elektronentransport ist vollständig
reversibel, denn nach erneutem Einschalten des Lichts wird die-
selbe Konzentration an $TMPD^+$ wieder erreicht. Abb. 13 zeigt
weiterhin, daß zu diesem Elektronentransport alle 3 Komponenten,
nämlich Chlorophyll, TMPD und UQ-30 erforderlich sind. Läßt man
Chlorophyll oder UQ-30 weg, so wird kein $TMPD^+$ gebildet. Die
von TMPD zu UQ-30 überwundene Potentialdifferenz beträgt 140 mV.
Unsere weiteren Versuche zielen darauf hin, diesen Elektronentransport im Licht irreversibel zu machen und statt Chlorophyll
einfachere Farbstoffe zu verwenden.

3. Literatur

1. A. TREBST (1974) Ann. Rev. Plant Physiol. $\underline{25}$, 423-458
2. B. COMMONER, J.J. HEISE und J. TOWNSEND (1956) Proc. Nat. Acad. Sci. U.S. $\underline{42}$, 710
3. H. BEINERT, B. KOK und G. HOCH (1962) Biochem. Biophys. Res. Commun. $\underline{7}$, 209-212
4. E.C. WEAVER und G.A. CORKER (1977) in: Encyclopedia of Plant Physiol. Vol. 5 (A. Trebst und M. Avron, eds.), S. 266-282, Springer, Berlin, Heidelberg, New York.
5. J.R. NORRIS, H. SCHEER, M.E. DRUYAN und J.J. KATZ (1974) Proc. Nat. Acad. Sci. U.S. $\underline{71}$, 4897-4900
6. H.T. WITT (1971) Quart. Rev. Biophys. $\underline{4}$, 365-477
7. J.T. WARDEN und J.R. BOLTON (1974) Acc. chem. Res. $\underline{7}$, 189-195
8. G.T. BABCOCK und K. SAUER (1973) Biochim. Biophys. Acta $\underline{325}$, 483-503
9. J.T. WARDEN, R.E. BLANKENSHIP und K. SAUER (1976) Biochim. Biophys. Acta $\underline{423}$, 462-478
10. R.E. BLANKENSHIP und K. SAUER (1974) Biochim. Biophys. Acta $\underline{357}$, 252-266
11. Y. SIDERER, S. MALKIN, R. POUPKO und Z. LUZ (1977) Arch. Biochem. Biophys. $\underline{179}$, 174-182
12. R. MALKIN und A.J. BEARDEN (1971) Proc. Natl. Acad. Sci. USA $\underline{68}$, 16-19
13. B. KE, R.E. HANSON und H. BEINERT (1973) Proc. Natl. Acad. Sci. U.S. $\underline{70}$, 2941-2945
14. G.C. DISMUKES and K. SAUER (1978) Biochim. Biophys. Acta $\underline{504}$, 431-445
15. A.R. McINTOSH und J.R. BOLTON (1976) Biochem. Biophys. Acta $\underline{430}$, 555-559
16. R. MALKIN und A.J. BEARDEN (1973) Biochim. Biophys. Acta $\underline{292}$, 169-185
17. J.W.M. VISSER, J. AMESZ und B.F. VAN GELDER (1975) Biochim. Biophys. Acta $\underline{333}$, 279-287
18. R. MALKIN und P.J. APARICIO (1975) Biochim. Biophys. Res. Commun. $\underline{63}$, 1157-1160
19. O.H. GRIFFITH und P.C. JOST (1976) in: Spin Labeling, Theory and Applications (L.J. Berliner ed.) S. 453, Academic Press, New York, San Francisco, London
20. B.J. GAFFNEY in: Methods in Enzymology (S.P. Colowick und N.O. Kaplan, eds.) Band 32B, S. 161-197, Academic Press, New York, San Francisco, London 1974
21. E.C. WEAVER, H.P. CHON (1966) Science $\underline{153}$, 301-303
22. S.A. CORKER, M.P. KLEIN und M. CALVIN (1966) Proc. Natl. Acad. Sci. USA $\underline{56}$, 1365-1369
23. J. TORRES-PEREIRA, R. MEHLHORN, A.D. KEITH, and L. PACKER (1974) Arch. Biochem. Biophys. $\underline{160}$, 90-99
24. A.S. SUN und M. CALVIN (1975) Proc. Natl. Acad. Sci. USA $\underline{72}$, 3107-3110
25. A.T. QUINTANILHA und R.J. MEHLHORN (1978) Febs Lett. $\underline{91}$, 104-108
26. S.P. BERG, D.M. LUSCZAKOSKI und P.D. MORSE II (1979) Arch. Biochem. Biophys. $\underline{194}$, 138-148
27. C. BENGIS und N. NELSON (1977) J. Biol. Chem. $\underline{252}$, 4564-4569

28. N. NELSON und J. NEUMANN (1972) J. Biol. Chem. $\underline{247}$, 1817-1824
29. P. JOLIOT (1977) in: Living Systems as Energy Converters (R. Buvet, M.J. Allen und J.-P. Massué, eds.) S. 175-185, North-Holland Publ.Comp.Amsterdam, New York, Oxford
30. H.H. STIEHL und H.T. WITT (1969) Z. Naturforsch. $\underline{24b}$, 1588-1598
31. U. SIGGEL, G. RENGER, H.H. STIEHL und B. RUMBERG (1972) Biochim. Biophys. Acta $\underline{256}$, 328-335
32. W. HAEHNEL (1973) Biochim. Biophys. Acta $\underline{305}$, 618-631
33. R. DELOSME, A. ZICKLER und P. JOLIOT (1978) Biochim. Biophys. Acta $\underline{504}$, 165-174
34. H. BÖHME, S. REIMER und A. TREBST (1971) Z. Naturforsch. $\underline{26b}$, 341-351
35. C.L. BERING, R.A. DILLEY und F.L. CRANE (1976) Biochim. Biophys. Acta $\underline{430}$, 327-335
36. A. TREBST und S. REIMER (1977) in: Photosynthetic Organelles, Special Issue of Plant & Cell Physiol. S. 201-209
37. G.A. HAUSKA, R.E. McCARTY, R.J. BERZBORN und E. RACKER (1971) J. Biol. Chem. $\underline{246}$, 3524-3531
38. S. IZAWA, R. KRAAYENHOF, E.K. RUUGE und D. DEVAULT (1973) Biochim. Biophys. Acta $\underline{314}$, 328-339
39. N.K. BOARDMAN (1977) Ann. Rev. Plant Physiol. $\underline{28}$, 355-377
40. D.S. BENDALL und P.M. WOOD (1977) in: Proceedings of the 4th Int. Congr. on Photosynthesis (D.O. Hall, J. Coombs and T.W. Goodwin, eds.), S. 771-775, The Biochemical Society London
41. M. KIMIMURA and S. KATOH (1972) Biochim. Biophys. Acta $\underline{283}$, 279-292
42. W. HAEHNEL (1977) in:Bioenergetics of Membranes (L. Packer, G.C. Papageorgiou und A. Trebst, eds.) S. 317-328, Elsevier, Amserdam. Oxford, New York
43. B. KOK, H.J. RURAINSKI und O.V.H. OWENS (1965) Biochim. Biophys. Acta $\underline{109}$, 347-356
44. G. HAUSKA (1977) in: Encyclopedia of Plant Physiol.,New Series (A. Trebst und M. Avron, eds.) Band 5, S. 253-265 Springer, Berlin, Heidelberg, New York
45. D.E. MORELAND und J.L. HILTON (1976) in: Herbicides, Physiology, Biochemistry, Ecology (L.J. Audus, ed.)Band 1, S. 493-523, Academic Press, London, New York, San Francisco
46. E.F. ELSTNER und D. FROMMEYER (1978) Z. Naturforsch. $\underline{33c}$, 276-279
47. P.J. AINSWORTH, M. CHANNON, R. SRIDHAR, B. GUSHULAK und E.R. TUSTANOFF (1978) Can. J. Biochem. $\underline{56}$, 451-461
48. H. VOLGER, H. HEBER und R.J. BERZBORN (1978) Biochim. Biophys. Acta $\underline{511}$, 455-469
49. D.J. QUINN und W.P. WILLIAMS (1978) Progr. Biophys. Molec. Biol. $\underline{34}$, 109-173
50. M. TOMKIEWICZ und G.A. CORKER (1975) Photochem. Photobiol. $\underline{22}$, 249-256
51. W. OETTMEIER, J.R. NORRIS und J.J. KATZ (1976) Biochem. Biophys. Res. Commun. $\underline{71}$, 445-451
52. W. OETTMEIER, J.R. NORRIS und J.J. KATZ (1976) Z. Naturforsch. $\underline{31c}$, 163-168

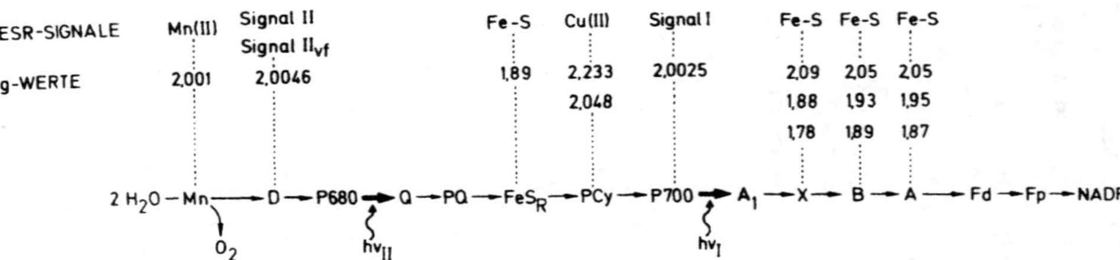

Abb. 1: Sequenz der Elektronenüberträger beim linearen Elektronentransport der Photosynthese. Die lichtinduzierten Elektronenübergänge im Photosystem I (hv$_I$) und im Photosystem II (hv$_{II}$) sind durch fette Pfeile gekennzeichnet. In der oberen Reihe sind die wesentlichen ESR-Signale und darunter die zugehörigen g-Werte angegeben. Weitere Details sind im Text beschrieben. Abkürzungen: Fd, lösliches Ferredoxin; Fp, Ferredoxin-NADP$^+$-Oxidoreduktase; Fe-S, gebundenes Eisenschwefelprotein; FeS$_R$, Eisenschwefelprotein vom "Rieske"-Typ; P680, photochemisch aktives Chlorophyll a der Lichtreaktion II; P700, photochemisch aktives Chlorophyll a der Lichtreaktion I; PCy, Plastocyanin; PQ, Plastochinon; Q, Plastosemichinon.

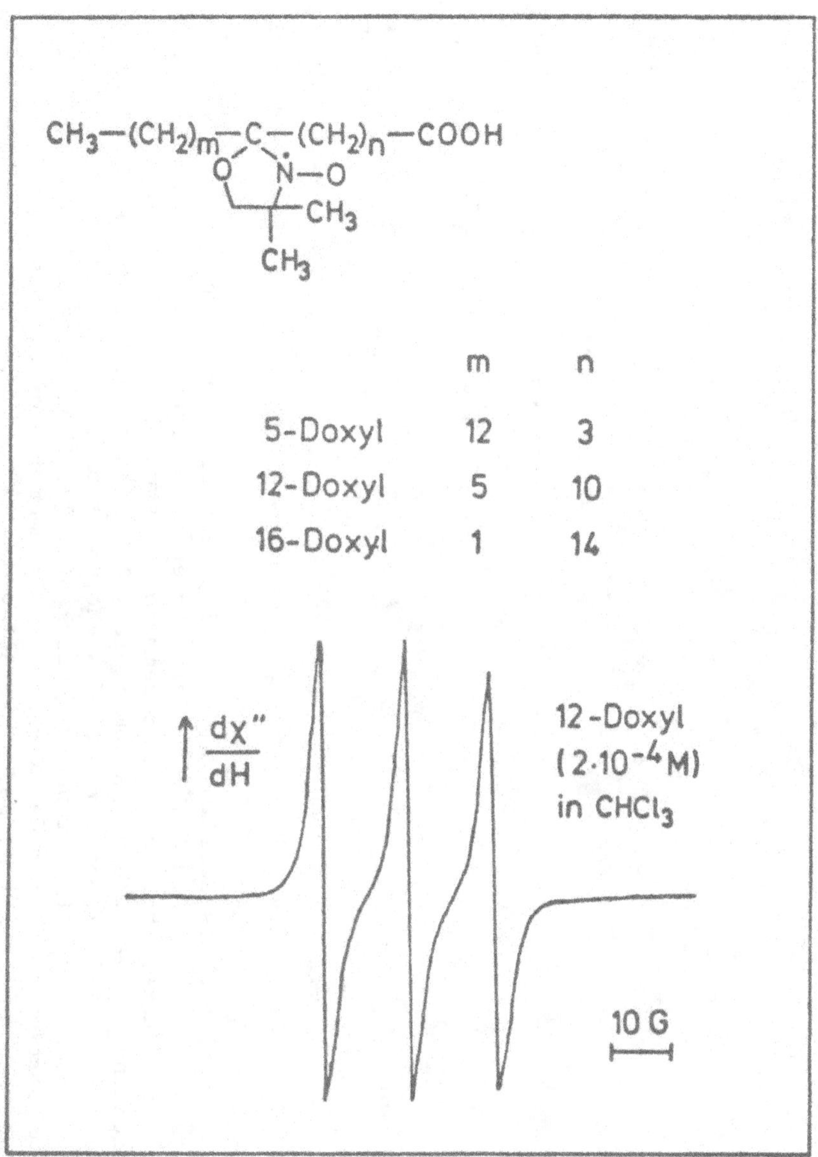

Abb. 2: Strukturformeln der Doxyl-Spin-Label und ESR-spektrum eines Doxyl-Spin-Label in Chloroform.

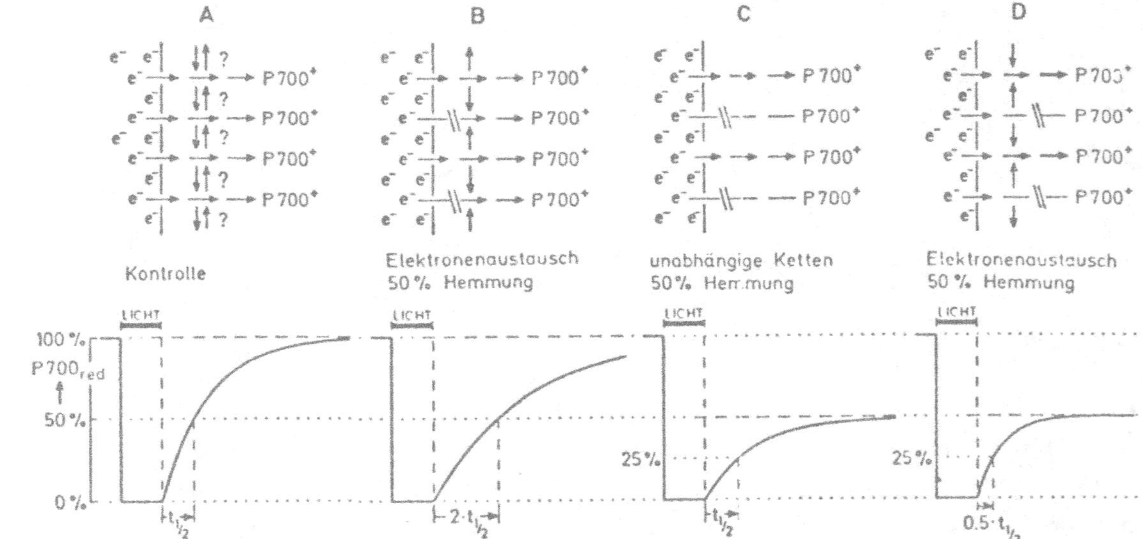

Abb. 3: Schematisierte Modelle eines zweidimensionalen linearen Elektronentransports im Bereich des Photosystems I (oben) und die jeweils erwarteten Reduktionskinetiken von P700$^+$ nach einem langen Blitz (unten) bei teilweiser Hemmung. e$^-$ symbolisiert Elektronen, die während der Belichtung im Plastochinon akkumulieren. A: ungehemmtes System; B: Elektronenaustausch zwischen den Elektronencarriern des Photosystems I hinter der Wirkstelle eines Hemmstoffes; C: unabhängige Elektronentransportketten des Photosystems I; D: unabhängige Elektronentransportketten hinter der Wirkstelle des Hemmstoffes bei gleichzeitigem schnellen Elektronenaustausch vor der Wirkstelle.

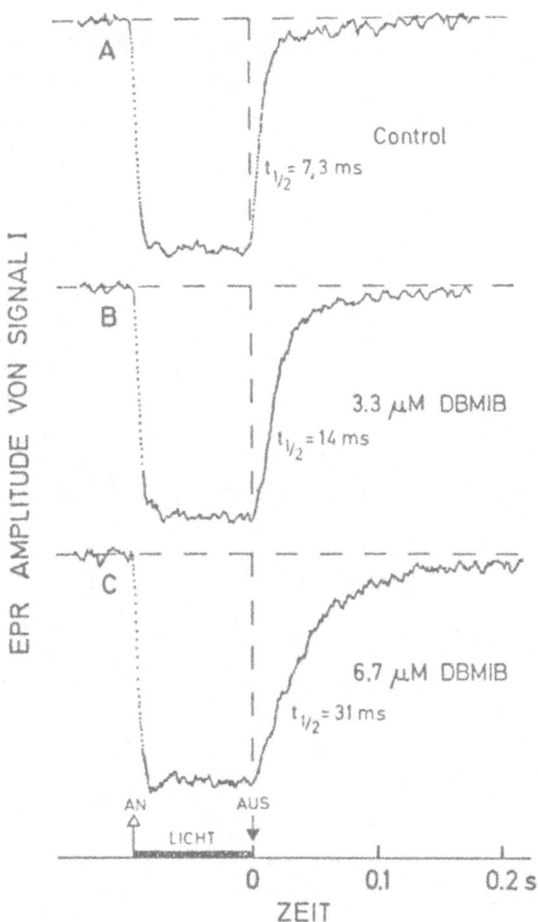

Abb. 4: Zeitverlauf der ESR-Amplitude des Signals I bei Anre-
gung mit langen (98 ms) Blitzen sättigender Intensität bei verschiedenen Konzentrationen von Dibromothymochinon (DBMIB).
A: Kontrolle; B: 3,3 µM DBMIB; C: 6,7 µM DBMIB. Die erste Halbwertszeit der Relaxationskinetik nach Abschalten des Lichts zur
Zeit t = O war bei Signal A: 7,3 ms; B: 14 ms und C: 31 ms.
Das Experiment wurde mit aus Spinat isolierten Thylakoidstapeln
bei einer Chlorophyll-Konzentration von 2 mg/ml durchgeführt.
Es wurden im Mittelwertrechner zur Verbesserung des Signal-
Rausch-Verhältnisses 140 Signale gespeichert. Weitere Versuchs-
bedingungen siehe Zitat 42.

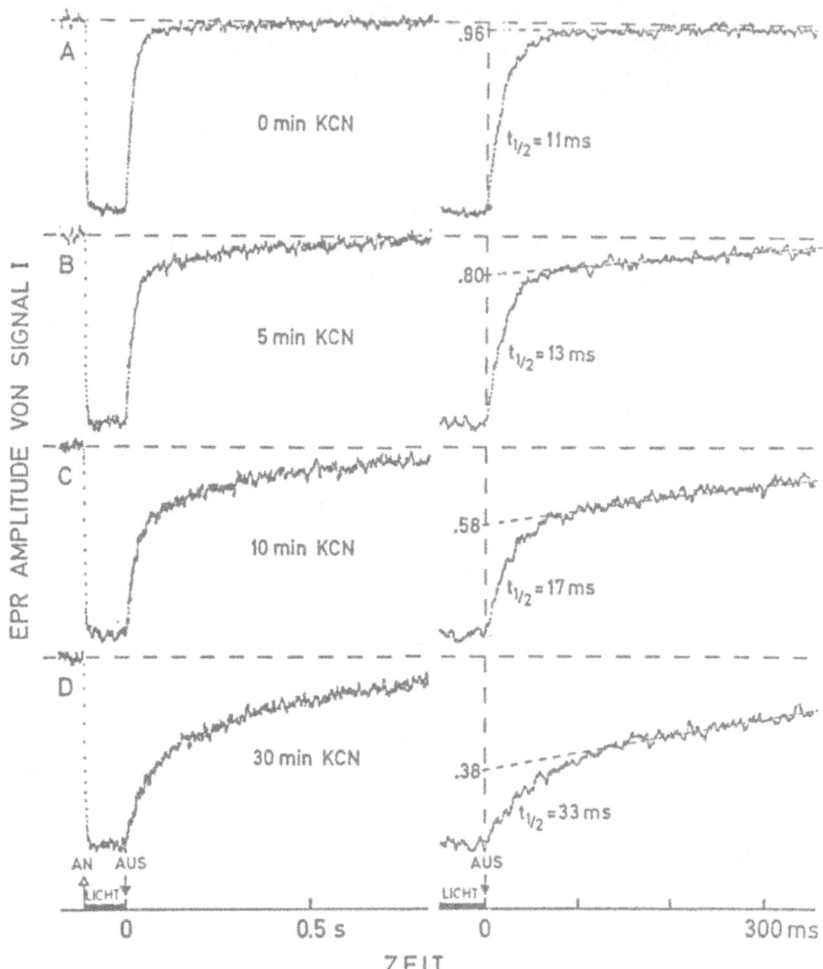

Abb. 5: Zeitverlauf der ESR-Amplitude des Signals I bei Anregung mit langen (67 ms) Blitzen sättigender Intensität nach Vorinkubierung der Chloroplasten mit KCN. Links sind die vollständigen Signale, rechts ein Ausschnitt bei gespreizter Zeitskala dargestellt. Die Amplitude der langsamen Phase wurde mit der gestrichelten Linie extrapoliert. Die schnelle Phase hatte eine relative Amplitude und eine Halbwertszeit von 96% und 11 ms bei der Kontrolle (A), von 80% und 13 ms nach 5 min Inkubation (B), von 58% und 17 ms nach 10 min Inkubation (C) und von 38% und 33 ms nach 30 min Inkubation (D). Versuchsbedingungen wie in Abb. 2.

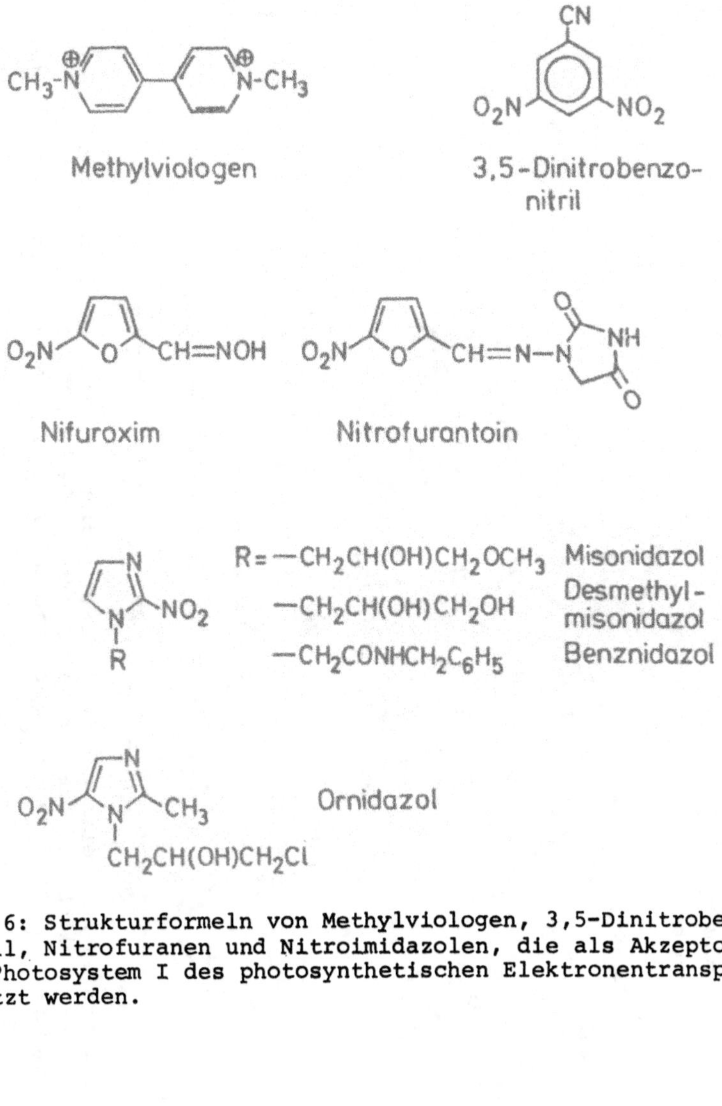

Methylviologen

3,5-Dinitrobenzo-
nitril

Nifuroxim

Nitrofurantoin

$R = -CH_2CH(OH)CH_2OCH_3$ Misonidazol

$-CH_2CH(OH)CH_2OH$ Desmethylmisonidazol

$-CH_2CONHCH_2C_6H_5$ Benznidazol

Ornidazol

Abb. 6: Strukturformeln von Methylviologen, 3,5-Dinitrobenzo-
nitril, Nitrofuranen und Nitroimidazolen, die als Akzeptoren
für Photosystem I des photosynthetischen Elektronentransports
benutzt werden.

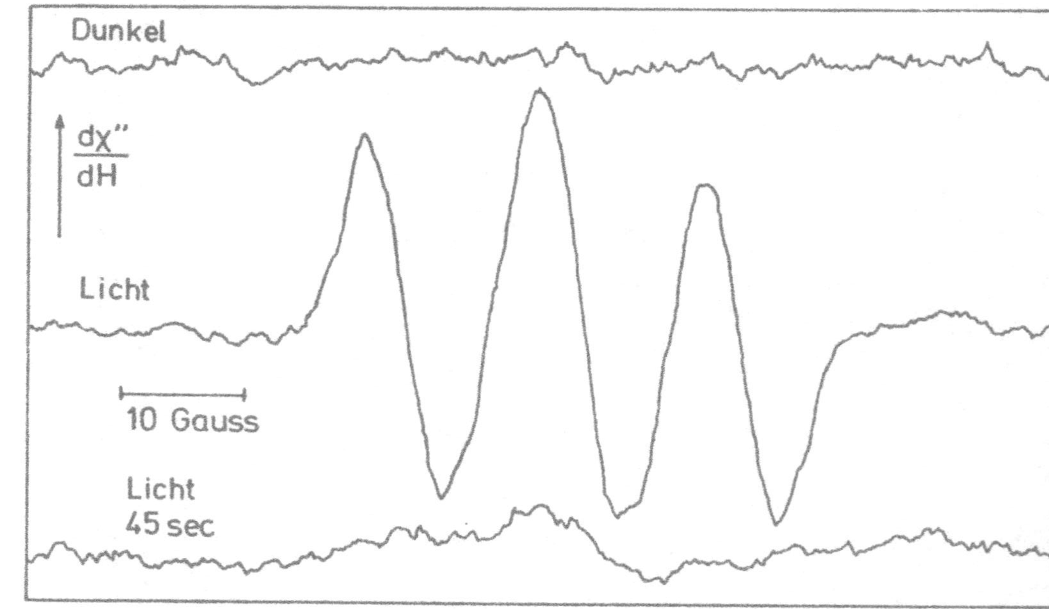

Abb. 7: Kurzzeitiges Auftreten des Benznidazolradikals in der Gegenwart von
Chloroplasten bei Belichten. Unmittelbar nach Einschalten des Lichts wird das
Radikal beobachtet (Mitte). Nach 45 sec. ist das Radikal wieder verschwunden (unten).

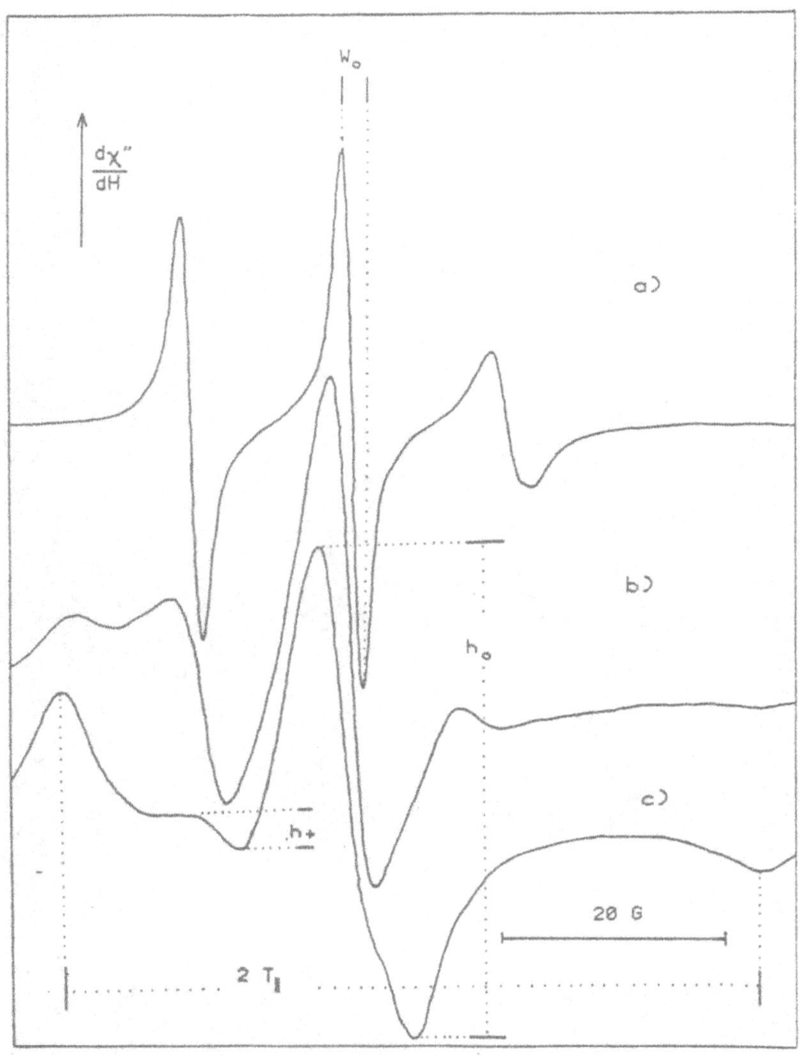

Abb. 8: Drei Typen von Spektren der Doxyl-Spin-Label in küntlichen Membranen. a) stellt den isotropischen, b) den Übergangs- und c) den anisotropischen Typ dar. Zusätzlich sind die ESR-parameter W_O, h_O, h_+ und $2\,T_{II}$ eingezeichnet.

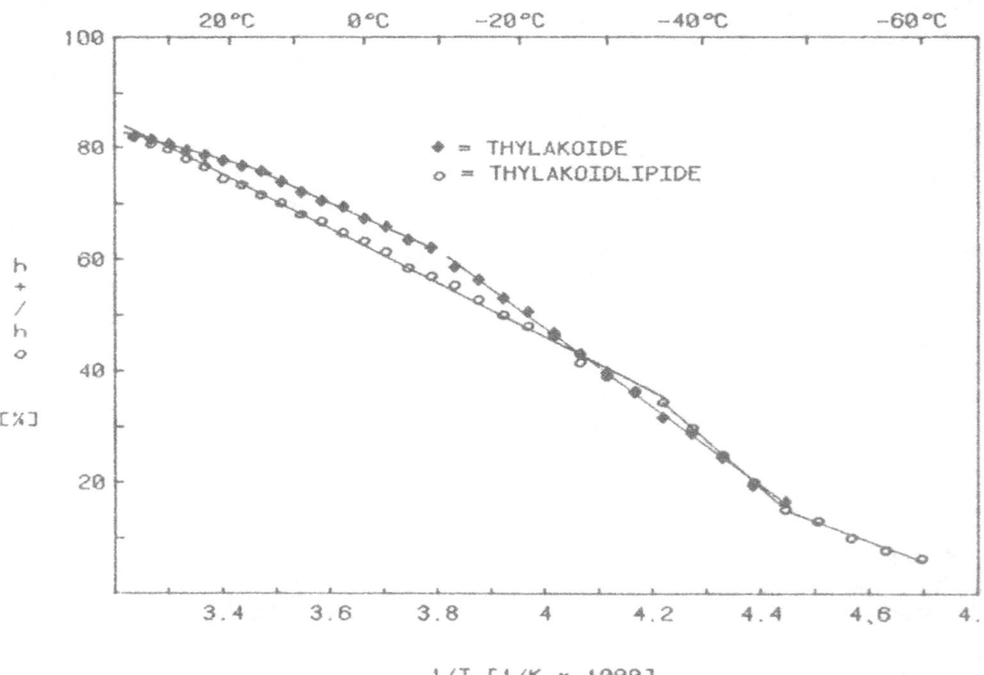

Abb. 9: Arrheniusplot des ESR-parameters h_+/h_o gegen die reziproke Temperatur 1/T (1/°K) für isolierte Spinatthylakoide und Liposomen aus Thylakoidlipiden mit dem in die Membran eingebauten Spin Label 16-Doxyl.

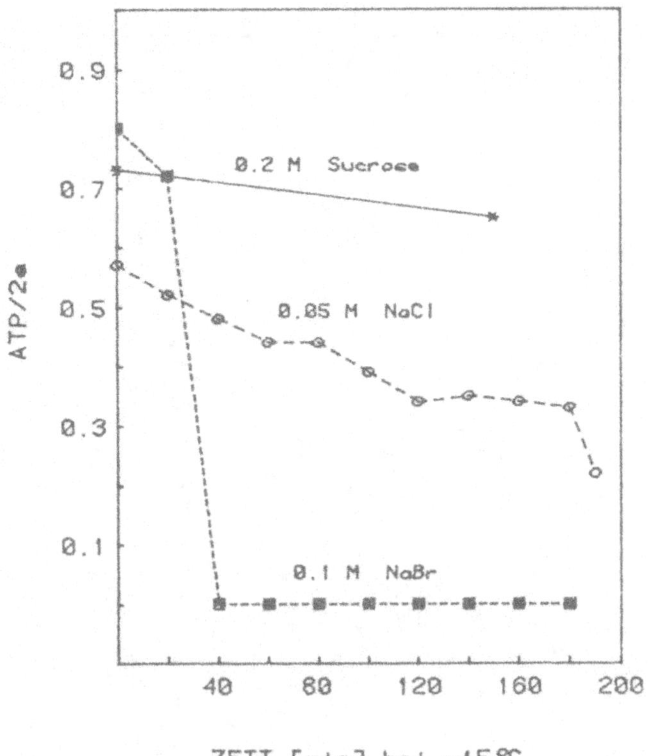

Abb. 10: Inaktivierung der Photophosphorylierung von Spinatchloroplasten bei längerdauernder Kälteeinwirkung in Gegenwart von frostschützenden (Saccharose) und -schädigungen
(NaCl, NaBr) Substanzen.

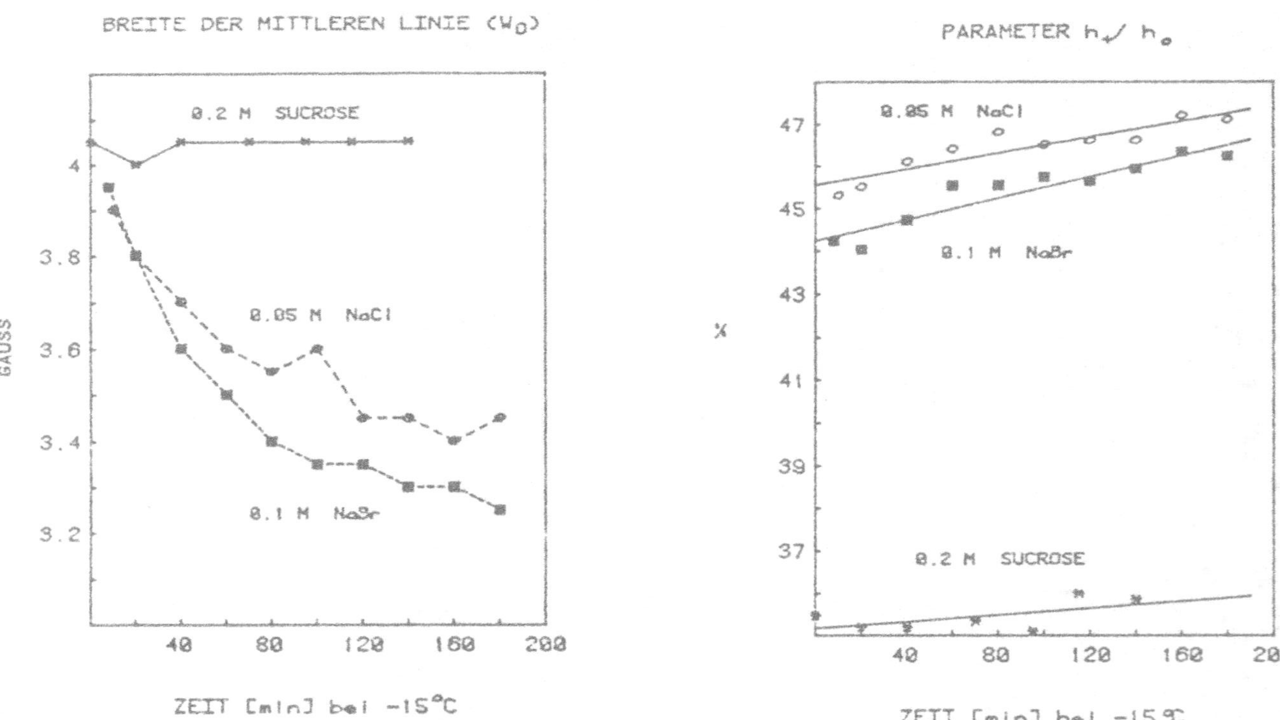

Abb. 11: Änderungen in den ESR-parametern Linienbreite (W_O) und Verhältnis h_+/h_O des Spin Label 16-Doxyl beim Frieren. Es wurden dieselben Chloroplasten wie zum Versuch in Abb. 10 unter denselben Bedingungen benutzt.

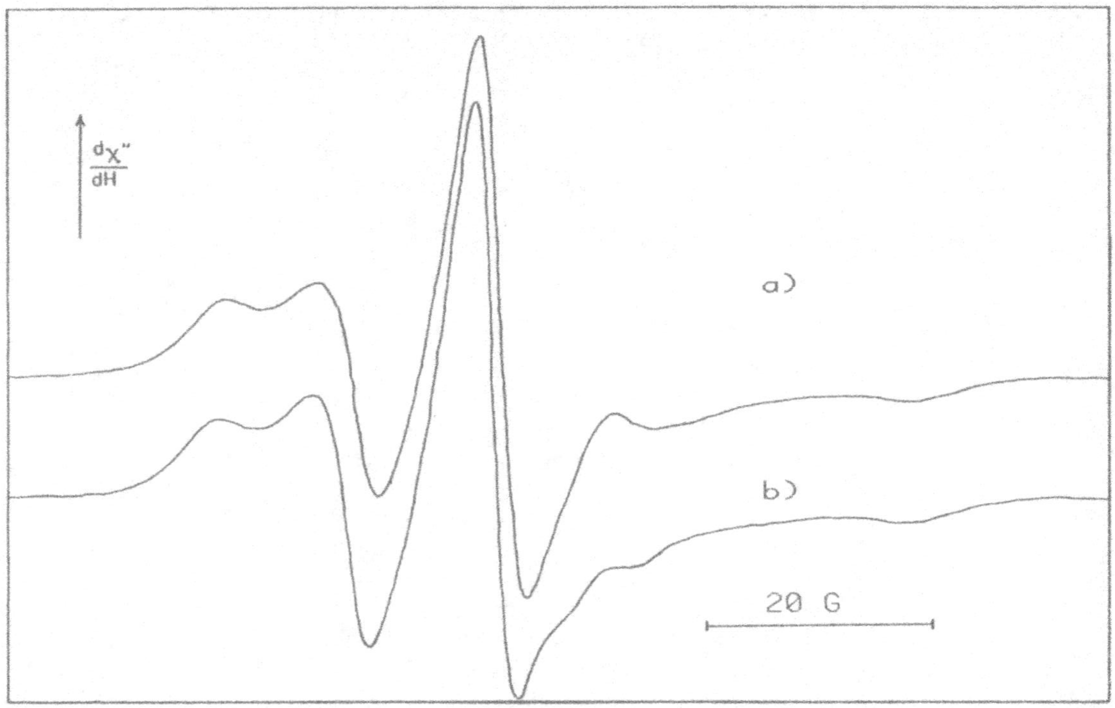

Abb. 12: Änderungen in den ESR-spektren von 16-Doxyl in Spinatchloroplasten bei $-15^{O}C$ in Gegenwart hoher Salzkonzentrationen
a) zu Beginn der Kälteeinwirkung, b) nach 3 h.

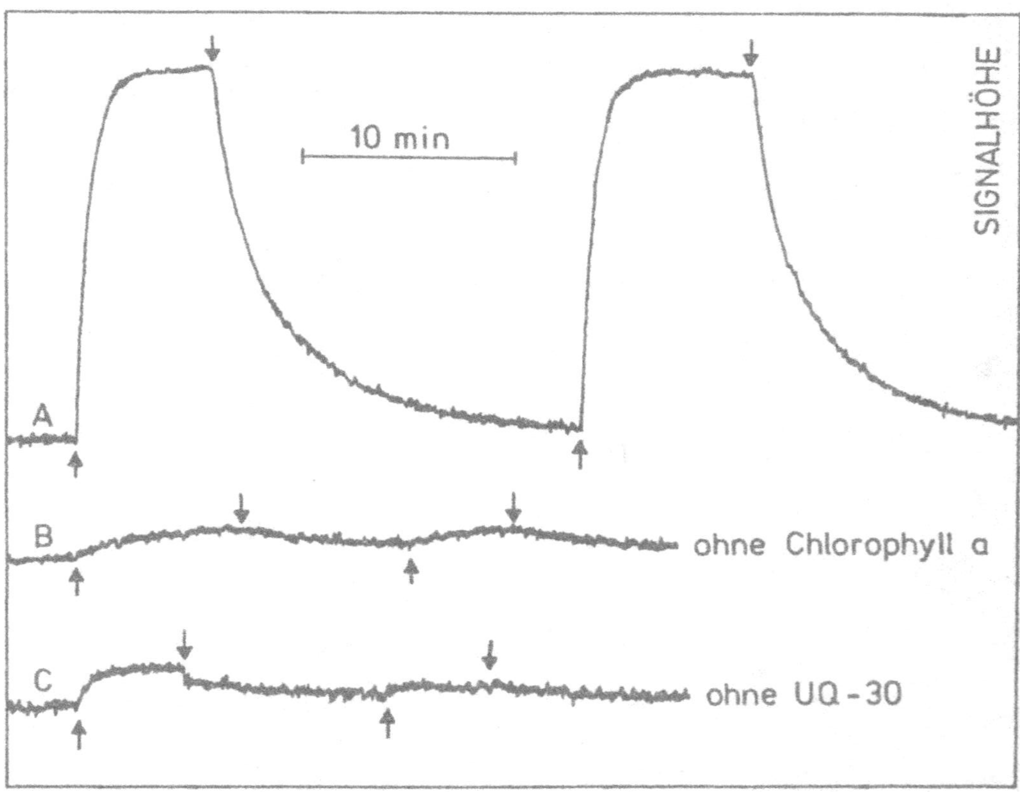

Abb. 13: Lichtinduzierte Bildung und Zerfall von TMPD$^+$ in Chlorophyll-Liposomen mit Ubichinon-30 als Akzeptor. Nach oben gerichteter Pfeil bedeutet Licht an, nach unten gerichteter Pfeil Licht aus.

Tabelle I   Photosynthetische Sauerstoffaufnahme und ATP-Bildung in einer Mehler Typ

Reaktion durch Methylviologen, Dinitrobenzonitril, Nitrofurane und Nitroimidazole (10^{-4}M)

Verbindung	Gekoppelter e-Transport μMoles O_2/mg Chl·h	Entkoppelter e-Transport μMoles O_2/mg Chl·h	Entkoppelter e-Transport μMoles O_2/mg Chl·h Stumulierung/Hemmung durch Ferredoxin	Entkoppelter e-Transport μMoles O_2/mg Chl·h + DCMU + Donor- system DAD/asc.	ATP-Bildung μMoles ATP/mg Chl·h
Methylviologen	64.9	403.0	149 %	933.8	74.5
3.5-Dinitro- benzonitril	52.4	262.2	120 %	177.1	57.6
Nifuroxim	69.0	361.6	19 %	88.6	64.8
Nitrofurantoin	37.3	220.8	8 %	104.7	46.6
Misonidazol	37.8	202.9	231 %	165.6	70.3
Benznidazol	27.6	269.1	162 %	230.0	72.6
Ornidazol	40.0	107.6	281 %	253.0	66.3
Desmethyl- misonidazol	24.8	162.8	181 %	178.3	68.5

Tabelle II ESR Parameter von Doxyl Spin Label in geschützten und ungeschützten Chloroplasten nach Frosteinwirkung.

a) <u>5-Doxyl</u>

	$2T_{||}$ (G)	h_+/h_O (%)	W_O (G)	τ_c (ns)
geschützte	56.5	24.3	3.7	7.7
ungeschützte Chloroplasten	56.3	24.1	3.6	7.1

b) <u>16-Doxyl</u>

	h_+/h_O (%)	W_O (G)	τ_c (ns)
geschützte	81.4	2.35	1.24
ungeschützte Chloroplasten	81.9	2.30	1.24

GPSR Compliance
The European Union's (EU) General Product Safety Regulation (GPSR) is a set
of rules that requires consumer products to be safe and our obligations to
ensure this.

If you have any concerns about our products, you can contact us on

ProductSafety@springernature.com

In case Publisher is established outside the EU, the EU authorized
representative is:

Springer Nature Customer Service Center GmbH
Europaplatz 3
69115 Heidelberg, Germany